哈佛职场情商课

同理心
EMPATHY

哈佛商业评论 情商系列

HARVARD BUSINESS REVIEW
EMOTIONAL INTELLIGENCE SERIES

[美] 丹尼尔·戈尔曼（Daniel Goleman）
[美] 安妮·麦基（Annie McKee）等 著
马欣悦 译

中信出版集团 | 北京

图书在版编目（CIP）数据

同理心 / (美) 丹尼尔·戈尔曼等著；马欣悦译
. -- 北京：中信出版社，2020.1
（哈佛职场情商课）
书名原文：Empathy
ISBN 978-7-5217-0917-9

Ⅰ. ①同… Ⅱ. ①丹… ②马… Ⅲ. ①心理学—通俗读物 Ⅳ. ① B84-49

中国版本图书馆 CIP 数据核字（2019）第 261417 号

Empathy
Original work copyright © 2018 Harvard Business School Publishing Corporation Published by arrangement with Harvard Business Review Press
Simplified Chinese edition copyright © 2020 CITIC Press Corporation
All rights reserved.

本书仅限中国大陆地区发行销售

同理心

著　者：[美] 丹尼尔·戈尔曼　[美] 安妮·麦基　等
译　者：马欣悦
出版发行：中信出版集团股份有限公司
　　　　　（北京市朝阳区惠新东街甲 4 号富盛大厦 2 座　邮编　100029）
承　印　者：北京通州皇家印刷厂

开　本：787mm×1092mm　1/32	印　张：3.5	字　数：45 千字
版　次：2020 年 1 月第 1 版	印　次：2020 年 1 月第 1 次印刷
京权图字：01-2019-2960	广告经营许可证：京朝工商广字第 8087 号

书　号：ISBN 978-7-5217-0917-9
定　价：36.00 元

版权所有·侵权必究
如有印刷、装订问题，本公司负责调换。
服务热线：400-600-8099
投稿邮箱：author@citicpub.com

目 录

推 荐 序　　　　　　　　　　　　　　　　V

一

丹尼尔·戈尔曼 | 文

什 么 是 同 理 心
同理心为何重要　　　　　　　　　　　　　1

二

埃玛·塞佩莱 | 文

**为 何 仁 慈 是 比 态 度 强 硬 更 好 的
管 理 策 略**
愤怒的反应会侵蚀忠诚和信任　　　　　　11

三

杰克·曾格　　| 文
约瑟夫·福克曼 |

擅 长 倾 听 的 人 会 怎 么 做
理解他人的情绪　　　　　　　　　　　　25

四

安妮·麦基 | 文

运用好同理心是一个会议成功的关键
了解团队中的冲突　　　　　　　　　　　　　　37

五

雷切尔·拉坦　　　　　｜　文
玛丽·亨特·麦克唐奈
洛兰·诺格伦

和你有相似经历的人并不能和你感同身受
你应该努力把注意力放在对方的需求上　　　　　45

六

洛乌·所罗门 | 文

警惕掌握权力后同理心的丧失
寻求实际的反馈　　　　　　　　　　　　　　53

七
乔恩·科尔科 | 文

运用同理心设计产品
关注人们本身 　　　　　　　　　　　　　　　61

八
梅利莎·卢-范 | 文

脸书如何利用同理心保护用户数据
理解你所保护的人 　　　　　　　　　　　　75

九
亚当·韦茨 | 文

同理心不能无边无际
这令人疲惫不堪 　　　　　　　　　　　　　83

推荐序

关于情绪智商（EQ），我有太多的话要说。我好想与初入职场的人分享情商的概念。我甚至抱着一种但愿你能早一点知道的心情推荐这套书。

记得几十年前，在一档广播节目中，我听到飞利浦公司的副总裁罗益强先生说，以前要想成功，需要的是"努力工作"（work hard）。以后要想成功，努力工作还不够，还要"聪明工作"（work smart），他接着说。但是以我们的成长过程而言，聪明工作是一件很不容易的事。

我很想加一句话，那就是，我们中国人在一切为考试、事事为进名校的过程中长大，聪明工作更不容易。

聪明工作需要热爱与全心投入自己的工作，需要从工作中获得一种幸福感（快乐）。人本心理学家马斯洛曾说："世界上最幸福的事，就是有人付钱让你去做你喜做的工作。"我们有多少人选择的是自己喜爱的工作？

聪明工作需要有自信与毅力，需要会沟通和赢得他人的合作。当你受到挫折，陷入低潮时，需要学习激励自己，重新站起来；甚至因此学到一课，变得比以前更好，更能发挥潜力。在只会读书，只注重分数的氛围中长大的人，这方面好脆弱！

聪明工作需要学会培养良好的人际关系，需要发挥正向的影响力、领导力，像是激励他人，赞赏他人。功课好的人通常只想到自己，因为用功读书的时候他常常一个人，想到的常是自己。后来也就很欠缺同理心，很难成为领导了。

谈到这里，我已经忍不住想问，我们过去在学校、在家中，以及后来在工作中，用了多少时间与精力，培养以上这些关键能力？

很多人以为一个人情商高就是少发脾气。其实不发脾气只是最基本的起点。接下来自信、幸福感、同理心、领导力才是情商的枢纽。

有人在2000年即将来临时问管理大师彼得·德鲁克，21世纪与上一个世纪最大的不同会是什么？德鲁克回答说，在21世纪，工作的开始才是学习的开始。

学完物理、化学、会计、电子机械之后，踏入职场，你面对的将不只是一份工作，你面对的是条漫长的学习之路。那是一条通往成功之路。这条成功之路的里程碑就是：毅力、恢复力、影响力、领导力与同理心。它的终点站是快乐和幸福。

黑幼龙

卡内基训练大中华地区负责人

丹尼尔·戈尔曼（Daniel Goleman）| 文
什 么 是 同 理 心

"注意力"的英文源于拉丁语"attendere",意思是"指向"。用这个语义来解释对他人的专注再合适不过了。注意力是同理心和建立社会关系的能力的基础——情商的第二和第三支柱(第一支柱是自我意识)。

善于关注他人的人很容易脱颖而出。他们善于寻求共同立场,他们的意见在团队中举足轻重,人们都希望与他们共事。无论在组织或社会中的地位如何,他们都是天生的领导者。

同理心三要素

我们常常把同理心的属性视为单一的,但领导者在运用同理心时,其实同时展现了三种不同类型的同理心,每种类型都对发挥高效领导力起着至关重要的作用:

- 认知同理心:理解他人处境的能力。
- 情绪同理心:感受他人情绪的能力。
- 同理心关怀:明白他人需求的能力。

领导者运用认知同理心可以更好地表达他们的意图，这可以激发出直系下属的最佳表现。然而有悖常理的地方是，认知同理心要求领导者去思考他人的情绪，而不是直接感受这些情绪。

好奇心可以激发认知同理心。正如一位富有认知同理心、事业有成的高管所言："我总是对身边的事物和人充满了好奇，我想知道他们为什么会这么想，为什么要这么做，哪些方法对他们有效，哪些方法无效。"认知同理心也是自我意识的一个外延。当我们将注意力转向他人的时候，执行回路会将我们运用于自我觉察和情绪监控的模式延伸到其他人身上。

情绪同理心能帮助领导者进行高效的辅导、管理客户并读懂团队的团体动力[1]。而这种同理心与位于大脑

---

[1] 团体动力学由社会心理学家库尔特·勒温（Kurt Lewin）提出，他指出团体绝不是各个互不相干的个体的集合，而是有着联系的个体间的一组关系。作为团体，它不是由各个个体的特征所决定的，而是取决于团体成员相互依存的那种内在的关系。——译者注

皮层下的杏仁核、下丘脑、海马体和眼窝前额皮质的进化功能有关，这些结构能让我们在没有时间进行深度思考的时候，快速觉察出情绪与感受。我们的身体能够呼应他人的情绪感受，当你把你的故事娓娓道来时，我也能切身体会到你的痛苦，我和你的大脑模式形成了一种呼应。正如德国莱比锡马克斯·普朗克人类认知与脑科学研究所社会神经科学部门负责人塔尼亚·辛格（Tania Singer）所说："你要像理解自己的情绪那样，去理解他人的情绪。"情绪同理心需要你注意你对他人情绪的回应，同时运用开放的意识接收对方的面部表情、声音和其他的外部情绪信号。（见专栏《当你需要培养同理心的时候》）

当你需要培养同理心的时候

情绪同理心是可以培养的。波士顿的马萨诸塞州综合医院精神科"同理心与关系学"项目主管海伦·里斯（Helen Riess）医生与其他医生进行研究后得出了此结论。为了帮助医生监控自己的状态，里斯建立了一个训练计划：让医生看着天花板做深呼吸，训练专注力和客观性，心无杂念，而不是迷失在他们自己的思想和感情中。里斯说："暂停你手上的工作，去观察周围的事物，这会给你一种自然而然的交流感。这样，你就可以判断你的生理机能是否更充实和平衡。你可以注意到在这种情况下发生了什么。"比如，如果医生感到烦躁，这意味着患者也感到困扰。

里斯还补充说，那些完全不知道怎么做的人可能会通过这种持续的训练最终学会运用情绪同理心。如果你能对别人更关心，并注意他们的表情，即使你不是刻意为之，你会开始感觉到自己更能理解别人了。

同理心关怀和情绪同理心紧密相连,这种关怀不仅能帮你察觉出他人的情绪,而且能让你知道对方想要从你这里获取怎样的帮助。这正是你希望在医生、配偶,甚至老板身上得到的关怀。负责同理心关怀的神经回路起源于父母对下一代的关注。当有人抱着一个可爱的婴儿进入房间时,如果观察人们眼睛的移动方向,你将发现人们都会看向婴儿,这时哺乳动物特有的大脑运行模式已经开始启动了。

研究表明,随着人们地位的提高,人们保持人际关系的能力会受损。

根据神经学理论的一种解释,这种反应来自大脑的两种物质:负责发现危险的杏仁核和释放催产素的前额皮质,后者是一种关系着哺育的化学物质。这说明同理心关怀是一把双刃剑:我们本能地感觉到他人的痛苦,就像自己在亲身经历这种痛苦。但是否满足对方的需求取决于我们对其的重视程度。

在这种本能和价值权衡中寻找平衡点有着重要的意

义。同理心太重可能会让你心力交瘁,在专业救助人士身上,这常常表现为"同理心疲劳";对高管而言,这可能表现为一种对身边的人和环境失去控制的分离焦虑,但那些为保护自己而抑制情绪的人会丧失同理心。同理心关怀要求我们既能对他人的痛苦情绪感同身受,又能不被这些情绪支配。(参见专栏《当同理心需要被控制时》)

作者简介

丹尼尔·戈尔曼

美国罗格斯大学情商研究学会主任,曾与安妮·麦基(Annie Mckee)等合著《情商4:决定你人生高度的领导情商》(*Primal Leadership: Learning to lead with Emotional Intelligence*),并独立撰写《情商:为什么情商比智商更重要》(*The Brain and Emotional Intelligence: New Insights*)一书。(此两本书收录于中信出版社2018年出版的"情商系列"。)

当同理心需要被控制时

他人的情绪泛滥可能会威胁到我们,停止对他人的同情可以帮助我们做出更好的决定。

通常情况下,我们看到有人被别针刺痛,我们自己好像也能感觉到疼痛。这时我们的大脑会发出一个信号,表明我们自己的疼痛中心正在呼应这种痛苦,但是医生会在医学院里学习阻止这种自动反应。他们通过颞顶叶交界处和前额皮质(一种通过调节情绪来提高注意力的执行回路)区域来麻痹自己的注意力。在你远离他人以求可以保持镇定进而帮助他们的时候,你的大脑就会出现这种反应。我们在情绪过热的环境中需要集中精力解决问题时,同样的神经网络也会启动。如果你正在和一个沮丧的人交谈,这个系统会帮助你从情绪同理心转换到认知同理心,从而帮助你理解这个人的观点而不被影响。

不仅如此，一些研究显示，同理心关怀在道德判断中也扮演着重要的角色。在实验中，研究人员对一些志愿者的脑部进行了扫描，结果显示，当志愿者听到和他人身体痛苦有关的描述时，他们脑部负责疼痛体验的神经回路会被立即激活。但当他们听到有关他人心理痛苦的描述时，其负责同理心关怀和同情心的神经回路就被激活得比较慢。对事物进行心理学和道德层面的判断需要人们花费更长的时间。因此，我们的专注度越差，就越难对他人产生细致入微的同理心和同情心。

埃玛·塞佩莱（Emma Seppala）| 文

为何仁慈是比态度强硬更好的管理策略

斯坦福大学神经外科医生詹姆斯·多蒂（James Doty）讲了一个故事。曾经在他给一个小男孩做脑部肿瘤手术的过程中，协助他的住院医生因为分心，不小心刺穿了男孩的静脉。血流得到处都是，多蒂已经看不清手术区域了。这个男孩的生命危在旦夕，多蒂别无选择，只能摸索着，希望能找到静脉并夹住它止血。很幸运，他成功了。

我们大多数人都不是脑外科医生，但我们肯定都遇到过这样的情况：一个雇员犯了一个严重的错误，这个错误可能会毁掉一个关键项目。所以当雇员表现不好或者犯错误的时候，我们要如何应对呢？

我们本能地会感到沮丧懊恼，特别是当这个雇员的错误会毁掉一个重要的项目，或者会对我们产生负面影响时。

这时我们一般会谴责这个雇员，认为给他一些惩罚能给他个教训。表达懊恼也可能会减轻我们的压力和愤怒，而且最终，团队的其他成员也可能因此保持警觉，避免未来犯类似的错误。

然而,有些高管会选择用仁慈和好奇心来面对表现不佳的员工。这并不是说他们不会感到沮丧或恼怒——也许他们仍然担心员工的错误会影响到他们。但是他们能够暂缓判断,利用这个时间段来训练自己。

到底上面两种应对方法哪种更好?更仁慈会让你得到更有效的结果。

首先,仁慈和好奇心可以提高员工的忠诚度和信任度。研究表明,积极温暖的工作关系比高薪水更能让员工忠诚。[1] 纽约大学的乔纳森·海特(Jonathan Haidt)的一项研究表明:员工越敬仰他们的领导,被领导的仁慈或善意感动(乔纳森称之为"崇高"),就会越忠诚。[2] 因此,如果你对你的员工更仁慈,不仅你的员工会对你一心一意,而且其他见证了你行为的人也可能会体验到这种"崇高"并且对你更加忠诚。

相反,对员工发火撒气会削弱员工的忠诚度。沃顿商学院教授、《沃顿商学院最受欢迎的成功课》的作者亚当·格兰特（Adam Grant）指出，根据"互惠法则"，如果你过于严厉地责怪你的员工或者让其难堪，最终你也会感到困扰。"下次你还要指望这个员工呢，你这么一发火儿，他现在可能已经不像以前那么忠心耿耿了。"

员工对领导是否信任自己特别敏感，领导释放仁慈的信号会让员工更愿意相信领导是信任自己的。[3] 简而言之，正如神经影像研究所证实的那样，当老板表现出同理心时，我们的大脑会做出更积极的反应[4]，而且员工的信任可以反过来提升工作表现。[5]

斯坦福大学同情与利他主义研究教育中心主任多蒂，回忆起他第一次做手术的经历。由于是第一次做手术，多蒂特别紧张，出了好多汗。很快，一滴汗滴进手术操作区，造成了污染。手术是个小手术，清理也很容易，病人的生命也没有受到威胁。但是手术主刀医生（是当时最有名的外科手术医生）非常生气，他把多蒂踢出了手术室。多蒂当时垂头丧气地回了家，哭到崩溃。

多蒂在一次采访中说："很显然，如果主刀医生当时没冲我大发雷霆，我可能会对他十分忠诚。如果他当时说，'小伙子，看看刚刚发生了什么——你把手术台弄脏了。我知道你很紧张，但是如果你想成为一名外科医生，你就不能紧张。你可以出去，花几分钟时间冷静一下，重新调整一下你的帽子，让汗水不会从你的脸上流下来，然后再回来'。那么，他就会永远是我的英雄了。"

领导的愤怒一方面削弱了员工的忠诚度和信任度，还让员工倍感压力，抑制了他们的创造力。多蒂解释说："在一个让人恐惧、焦虑和缺乏信任的环境下，人们会封闭自己。我们从神经科学的角度可以得知，如果他们有了威胁反应，他们的认知控制也会受到影响。因此，他们的生产力和创造力相应也会下降。"例如，脑成像研究表明，当我们感到安全时，我们大脑的压力也相应反应较弱。[6]

格兰特也认为："如果员工一犯错领导就发火，员工以后会变得不太愿意承担风险了，因为他或她担心一旦犯错就要承担严重后果。换句话说，你扼杀了实验文化，而这恰恰对学习和创新至关重要。"密歇根大学的菲奥娜·李（Fiona Lee）的研究也表明，让员工感到安全舒适，不害怕承担负面后果，可以培养出实验精神，这对培养创造力至关重要。[7]

当然，我们有理由感到愤怒。研究表明愤怒也有好处。比如，愤怒能让我们勇于反抗不公[8]，而且让我们看起来更强大。[9]哈佛商学院的艾米·卡迪（Amy Cuddy）表示，如果你是领导，你在表达愤怒等负面情绪时，实际上你的员工会认为你的效率很低。[10]相反，表现得可爱温暖、不那么强硬，能让你更受欢迎。[11]

那么，下一次员工犯了严重的错误，你要怎么更富有同情心地回应呢？

1. **停下来等一等**。首先要做的就是处理好自己的情绪——愤怒、沮丧，或者任何其他负面情绪。多蒂解释说："你得退一步控制自己的情绪，因为如果你放任自己的情绪，你无法真正解决问题。退一步，花时间反思一下，你会更理性，考虑得更周到，会有更清晰的判断。"练习冥想可以帮助你提高自我意识和控制情绪的能力。[12]

你不会想要在一个你只是假装不生气的地方工作。研究表明，这种伪装最终会让你和你的员工的心率加快。[13] 相反，花点时间冷静下来，这样你就能更超然地看待事情了。

2. **和员工换位思考**。退一步能让你和员工感同身受。为什么多蒂在手术遇到意外时，能够有效地应对而不是发火呢？因为他回忆起了自己的第一次手术经历，他跟住院医生感同身受。所以他可以抑制自己的情绪，避免让已经很慌张的住院医生更加崩溃，也让自己保持冷静，去挽救小男孩的生命。

换位思考是很有价值的。研究表明，它可以帮助你了解你可能没有注意到的情况，并在交往和谈判中取得更好的结果。[14] 而且由于权力地位提高会降低我们对同理心的自然倾向，因此管理者应具有自我意识，以确保他们能从员工的角度看问题，这一点尤为重要。[15]

3. **宽恕**。当然，同理心可以帮助你宽恕别人。宽恕不仅可以拉近你与员工的关系，而且对你来说也是有益的。怀有怨恨对你的心脏有害（造成血压升高和心率加快），而宽恕会降低你的血压和你所宽恕的人的血压。[16]其他研究也表明，宽恕会让你更快乐，对生活更满意，显著减轻压力和抑制负面情绪。[17]当信任度、忠诚度和创造力更高，压力更小时，员工会更快乐，生产力会更高，失误更少。[18]积极的互动甚至可以使员工更健康，更少请病假。[19]其他研究表明，仁慈的管理可以改善客户服务，提升客户满意度。[20]

多蒂从来没有把任何人赶出过他的手术室。他说："不是我让他们摆脱了困境，而是当他们知道自己犯了错误时我选择了温和回应，我没有毁了他们。而且他们已经吸取了教训,他们愿意为你完善自己,因为你已经对他们很好了。"

作者简介

埃玛·塞佩莱

美国斯坦福大学同理心和利他主义研究与教育中心科学主任。著有《幸福的轨迹》(*The Happiness Track*)一书,并创立相关科普网站"每日精进文摘"(Fulfillment Daily)。若对作者相关著作或观点感兴趣,可移步 Twitter(推特)账号 @**emmaseppala** 或其个人网站 **www.emmaseppala.com**。

注释

1. "Britain's Workers Value Companionship and Recognition Over a Big Salary, a Recent Report Revealed," AAT press release, July 15, 2014, https://www.aat.org.uk/about-aat/press-releases/britains-workers-value-companionship-recognition-over-big-salary.
2. T. Qiu et al., "The Effect of Interactional Fairness on the Performance of Cross-Functional Product Development Teams: A Multilevel Mediated Model," *The Journal of Product Innovation Management* 26, no. 2 (March 2009): 173–187.

3. K. T. Dirks et al., "Trust in Leadership: Meta-Analytic Findings and Implications for Research and Practice," *Journal of Applied Psychology* 87, no 4 (August 2002): 611–628.
4. R. Boyatzis et al., "Examination of the Neural Substrates Activated in Memories of Experiences with Resonant and Dissonant Leaders," *The Leadership Quarterly* 23, no. 2 (April 2012): 259–272.
5. T. Bartram et al., "The Relationship between Leadership and Follower In-Role Performance and Satisfaction with the Leader: The Mediating Effects of Empowerment and Trust in the Leader," *Leadership & Organization Development Journal* 28, no. 1, (2007): 4–19.
6. L. Norman et al., "Attachment-Security Priming Attenuates Amygdala Activation to Social and Linguistic Threat," *Social Cognitive and Affective Neuroscience*, Advance Access, November 5, 2014, http://scan.oxfordjournals.org/content/early/2014/11/05/scan.nsu127.
7. F. Lee et al., "The Mixed Effects of Inconsistency on Experimentation in Organizations," *Organization Science* 15, no. 3 (2004): 310–326.
8. D. Lindebaum and P. J. Jordan, "When It Can Feel Good to Feel Bad and Bad to Feel Good: Exploring Asymmetries in Workplace Emotional Outcomes," *Human Relations*, August 27, 2014, http://hum.sagepub.com/content/early/2014/07/09/0018726714535824.full.
9. L. Z. Tiedens, "Anger and Advancement Versus Sadness and Subjugation: The Effect of Negative Emotion Expres-

sions on Social Status Conferral," *Journal of Personality and Social Psychology* 80, no. 1 (January 2001): 86–94.

10. K. M. Lewis, "When Leaders Display Emotion: How Followers Respond to Negative Emotional Expression of Male and Female Leaders," *Journal of Organizational Behavior* 21, no. 1 (March 2000): 221–234.

11. E. Seppala, "The Hard Data on Being a Nice Boss," *Harvard Business Review*, November 24, 2014, https://hbr.org/2014/11/the-hard-data-on-being-a-nice-boss; and A. J. C. Cuddy et al., "Connect, Then Lead," *Harvard Business Review* (July–August 2013).

12. "Know Thyself: How Mindfulness Can Improve Self-Knowledge," Association for Psychological Science, March 14, 2013, http://www.psychologicalscience.org/index.php/news/releases/know-thyself-how-mindfulness-can-improve-self-knowledge.html.

13. E. Butler et al., "The Social Consequences of Expressive Suppression," *Emotion* 3, no. 1 (2013): 48–67.

14. A. Galinsky, et al., "Why It Pays to Get Inside the Head of Your Opponent: The Differential Effects of Perspective Taking and Empathy in Negotiations," *Psychological Science* 19, no. 4 (April 2008): 378–384.

15. L. Solomon, "Becoming Powerful Makes You Less Empathetic," *Harvard Business Review*, April 21, 2015, https://hbr.org/2015/04/becoming-powerful-makes-you-less-empathetic.

16. P. A. Hannon et al., "The Soothing Effects of Forgiveness on Victims' and Perpetrators' Blood Pressure," *Personal*

Relationships 19, no. 2 (June 2012): 279–289.

17. G. Bono et al., "Forgiveness, Feeling Connected to Others, and Well-Being: Two Longitudinal Studies," *Personality and Social Psychology Bulletin* 34, no. 2 (February 2008): 182–195; and K. A. Lawler, "The Unique Effects of Forgiveness on Health: An Exploration of Pathways," *Journal of Behavioral Medicine* 28, no. 2 (April 2005): 157–167.

18. American Psychological Association, "By the Numbers: A Psychologically Healthy Workplace Fact Sheet," *Good Company Newsletter*, November 20, 2013, http://www.apaexcellence.org/resources/goodcompany/newsletter/article/487.

19. E. D. Heaphy and J. E. Dutton; "Positive Social Interactions and the Human Body at Work: Linking Organizations and Physiology," *Academy of Management Review* 33, no. 1 (2008): 137–162; and S. Azagba and M. Sharaf, "Psychosocial Working Conditions and the Utilization of Health Care Services," *BMC Public Health* 11, no. 642 (2011).

20. S. G. Barsdale and D. E. Gibson, "Why Does Affect Matter in Organizations?" *Academy of Management Perspectives* 21, no. 1 (February 2007): 36–59; and S. G. Barsdale and O. A. O'Neill, "What's Love Got to Do with It? A Longitudinal Study of the Culture of Companionate Love and Employee and Client Outcomes in the Long-Term Care Setting," *Administrative Science Quarterly* 59, no. 4 (December 2014): 551–598.

杰克·曾格（Jack Zenger）| 文
约瑟夫·福克曼（Joseph Folkman）

擅 长 倾 听 的 人 会 怎 么 做

你可能觉得自己很擅长倾听。人们衡量自己倾听他人的能力，就跟评价自己的驾驶技术一样，大多数人都认为自己的表现在平均水平之上。

依据我们的经验，大多数人认为好的倾听者要做到以下三点。

- 在别人说话时保持沉默。
- 用脸部表情或声音回应（例如"嗯"），让人知道你是真的在聆听。
- 能够复述别人说过的话，最好一字不差。

其实，有关倾听的管理技巧多半都会建议我们做上述这些事情，也就是让我们在对方说话时保持沉默，用点头和"嗯"的回应鼓励对方继续发言，然后回答对方说："我想确认我的理解没有错。你的意思是不是……"然而，我们最近进行的研究发现，就算做到了这些，我们也远非一个好的倾听者。

我们分析了某项发展计划中 3 492 位参与者的行为，该计划是要帮助主管改进指导员工的技巧。计划的一部分是利用 360 度绩效评估法，为参与者的指导技巧打分。我们找出其中被认定为最佳倾听者的人（得分最高的前 5%）。然后，我们比较了最佳倾听者和组里其他参与者的平均分数，整理出了 20 个差距最大的项目。有了这些结果，我们就能区分优秀的倾听者和一般的倾听者有哪些差别，然后分析资料，找出到底是哪些行为让别人觉得他们是优秀的倾听者。

我们发现有些结论符合我们的预期，有些则令人意外。我们把这些结论整理成以下 4 点。

- **好的倾听者不只是在对方说话时保持沉默。** 相反的，人们心目中最好的倾听者，懂得偶尔提出一些问题，带来新发现和新见解。但是要用建设性的方式来提问，因为这些问题可能会稍微挑战说话者已有的假设。坐在那里静静点头听对方说话，无法证明你真的在听，但如果你提出好问题，就会让对方知道你不只是在听，还认真地理解了他的谈话内容，想要获取更多信息。好的倾听向来都是双向的对话，而不只是单向的"谈话者与倾听者"的互动。最佳的对话方式是积极主动的。

- **好的倾听者会和谈话者进行一些互动，以帮助对方建立自信心。**最佳倾听者会让这段谈话成为对方积极正面的体验，如果倾听者表现被动（或是采取批评态度），就做不到这一点。好的倾听者会表现出对谈话者很有信心，并让对方觉得自己得到了支持。好的倾听者能为对方建立安全的情境，让对方觉得可以开诚布公地讨论各种话题和异见。

- **好的倾听是一种合作的对话。**在互动过程中，双方可以自如地交换意见，没有一方会因为对方的意见而起防备心。相反的，不擅长倾听的人会显得竞争心太强，倾听只是为了想要抓出对方在推论或逻辑上的漏洞，保持沉默也只是在利用时间准备自己的反驳之词。这样的人可能很擅长辩论，但不擅长倾听。好的倾听者可能会稍微针对对方的一些假设，提出不同意见，但对方会觉得这是一种帮助，而不是想赢得辩论。

- **好的倾听者往往会提出建议**。研究表明，好的倾听者总是会用对方能接受的方式，提出一些反馈意见，告诉对方一些不同的做法以供参考。这个发现令我们有点惊讶，因为我们经常会听到有人抱怨说："某某人根本不听我说，他只是突然插话，想用自己的方式解决问题。"所以也许提供建议本身并不是个问题，问题在于提出建议的方式。另一个可能性是，我们可能比较容易接受那些我们认为的优秀倾听者提出的建议。（若有人在对话中一直一言不发，之后突然提出建议，就可能会让人觉得不可信。而太好争论、太爱批评的人给的建议，也会让人觉得不可信。）

很多人可能认为好的倾听者应该像一块海绵一样，正确吸收别人说的话；其实上述的研究表明，好的倾听者更像是蹦床。说话的人可以从他那里得到启发，迸发出各种构想，他不是吸收你的想法跟能量，而是拓宽、活跃、理清你的思路。跟他们谈话让你感觉更好，因为他们不只是被动地接收你的看法，更能主动地支持你，这让你感到更有活力、视野更开阔，就像跳蹦床一样。

当然，倾听也分成不同层次。并不是每段谈话都需要最高层次的倾听，但若能在谈话中更专注，运用更好的倾听技巧，就能使倾听过程更好进行。你可以思考要采用以下哪一种层次的倾听。

第一级：倾听者要营造一个安全的环境，在这个环境里，人们可以讨论困难、复杂或情绪性的话题。

第二级：倾听者要把令人分心的事物，比如手机、笔记本电脑等移出视线，把注意力集中在说话者身上，并与其有适当的眼神交流。（这不仅可以影响别人如何看待你这个倾听者，也会立即影响到倾听者本身的态度和内在感受。适当的眼神交流，会改变你内心的感受，进一步让你成为更好的倾听者。）

第三级：倾听者设法了解对方说话内容的重点。他们理解对方的想法、提出问题，并重述话题要点，以确认他们的理解是正确的。

第四级：倾听者懂得观察非语言的线索，例如对方的面部表情、流汗的状况、呼吸的快慢、肢体动作、姿势，还有身体语言透露出的其他细微信号。据估计，我们的沟通内容中，80%是来自这些非语言的信号。有些人可能会觉得这一点很奇怪，但你在倾听时，不只是用耳朵听，也在用眼睛"听"。

第五级：倾听者越来越能了解对方对于正在谈论话题的情绪反应和感受，并能看出那些情绪和感受。用一种表示支持而不做判断的方式，表达能与对方感同身受，并认可对方的感受。

第六级：倾听者提出问题，以弄清对方的假设，帮助对方从新的角度看问题。倾听者可能提出一些跟所讨论话题有关的想法或观点，这些想法可能对对方有用。然而，好的倾听者不会主导话题，让他自己重视的主题变成讨论的主题。

这些层次是层层累积的；假设有人批评你，只是想提出解决问题的方法而不懂得倾听，这表示你必须先做到一些其他层次的要求（例如：把会令人分心的物品拿走，或展现你感同身受的能力），然后对方才可能会接纳你提出的建议。

我们推测，我们做不成一个好的倾听者的原因多半是做得不够，而非做得太多。我们希望这个研究能为何谓倾听提供新的观点。我们希望那些误以为自己已经是优秀倾听者的人，能借此判断自己实际的倾听能力。我们也希望像"好的倾听者就像是一块吸收力强大的海绵"这种普遍想法可以渐渐失去权威性。最后，我们也希望所有人都能理解最高层次的、最好的倾听会让对方有像儿童在玩蹦床一般的体验，这种体验会让人有活力，思路更快，视野更高，看得更广。这些正是好的倾听的最重要的特质。

作者简介

杰克·曾格

领导力培训顾问公司曾格·福克曼的首席执行官。

约瑟夫·福克曼

曾格·福克曼公司的总裁，杰克·曾格和约瑟夫·福克曼合写的《哈佛商业评论》文章《让自己举足轻重》刊于 2011 年 10 月号，他们还合著了《如何变得杰出：放大你的优点，成功领导他人》（*How to Be Exceptional: Drive Leadership Success by Magnifying Your Strength*）。

四

安妮·麦基（Annie Mckee）| 文

运用好同理心是一个会议成功的关键

我们都讨厌开会，觉得开会就是浪费时间，但是也没法不开会。所以，作为领导，你有责任让会议开得更好，但这并不仅仅意味着要让它们更短，更高效，更有条理。人们需要享受开会，或者大胆点说，要在会议中玩得愉快。

快乐在工作中很重要，在我们大部分醒着的时间中，我们都在工作，如果不快乐的话，我们要怎么度过这段时间？长期沮丧、不满甚至痛恨我们的工作？当然不行。负面情绪会抑制创造力和创新，更别提合作了。[1]让我们面对现实吧，会议在很大程度上仍然可以促进协作、创造和创新。[2]如果不开会，那么我们很有可能做不成我们需要做的事情。

那么我们应该如何安排会议，让它更有趣，更能激发员工积极的情绪呢？当然，邀请会议人员，拟定会议议程，并做好会前准备，这都是最基本的。不过，如果你真的想要改善人们在会议上的合作方式，那么你就需要依靠或者"开发"几个关键的情商能力：同理心和情绪自我管理。

为什么要"开发"同理心?同理心是一种读人的能力。要看出来谁支持谁,谁被惹恼了,谁在滥竽充数,谁不同意,并不是那么容易的。有时,最聪明的反对者往往看起来像支持者,但其实他们根本不支持。他们聪明地、卑鄙地扼杀着各种想法。

仔细观察自己的员工也会帮助你了解群体中的主要冲突。这些冲突往往是隐藏起来的,可能与讨论的主题或在会议上做出的决定无关,而更有可能与例如谁能影响谁(总部与分部,外籍人士与当地国民)的人类动力学以及不同性别、不同种族之间的权力动力学联系在一起。

同理心让你识别和管理这些权力动力学。很多人都认为,上述这些担忧以及办公室政治都不那么重要,或者仅仅对我们都不喜欢的不择手段的人来说不那么重要。但实际上,权力在群体中非常重要,因为它在大多数组织中都有真正的意义,它能在会议中发挥作用。学习观察权力流动和转化的方式可以帮助你领导会议以及其他一切。

记住，运用同理心会帮助你了解人们是如何回应你的。作为领导者，你可能是会议中最有权力的人。有些人是依赖型人格，像墙头草一样善变。有人迎合的感觉一开始很好，但这只是暂时的。继续下去的话，你可能会创造一个依赖性极高的群体，或者一个两极分化的群体，有些人愿意对你唯命是从，另一些人则不愿意。

于是自我情绪管理有了用武之地，其中有以下几个原因。第一，看一看开会时那些随声附和的人，他们崇拜你，同意你说的每一句话，这种感觉真的很爽。事实上，这也能帮助你从冲突不断的组织中解脱。但是，如果你不管理一下你的反应，你的团队会变得更糟糕，你也会看起来像个傻瓜。其他开会的人也在观察这个团队，他们也能看出来你喜欢有人在开会的时候附和你，站在你这边。这时你就沉湎于自我，成了那些想要取悦或操纵你的人的牺牲品。

第二，强烈的情绪为整个群体定下了基调。我们从彼此那里感受周围发生的事情。我们有危险吗？有什么值得庆祝的吗？我们应该表现得厌倦、愤世嫉俗还是充满希望、忠诚坚定？这在会议中很重要。如果你作为一个领导者，在开会时表现出更积极的情绪，比如希望和热情，那么其他人将会"反映"这些情绪，团队的整体基调将会是乐观的，有一种"我们在一起，我们能做到"的感觉。[3] 而且感觉和认知之间有很强的神经联系。当我们的感觉在很大程度上是积极的，受到适当的挑战时，我们的思路会更清晰、更有创造性。[4]

相反，你的负面情绪也会传染，如果你不加以控制和管理，它们会极具破坏性。你的愤怒，蔑视或不尊重，会将别人推向战斗模式。开会的时候你表现得很不屑，会议结束了，你也把人推得越来越远。你可能觉得这没什么，但是其他人会看到这一切，他们会害怕下次成为你泄愤的目标。

当然我并不是说所有积极的情绪都是好的，或者你永远不应该表达负面情绪。关键是领导者的情绪具有高度的感染性。你最好了解这一点并相应地控制你的情绪，创造一种适宜的环境。在这个环境里，员工可以共同努力工作，共同做出决定。

或许这不言而喻，但是你在玩着手机的时候什么也做不了。正如丹尼尔·戈尔曼在《专注》(*Focus: The Hidden Driver of Excellence*)一书中所说的："我们不像自己认为的那样擅长多任务处理。实际上我们很讨厌它。所以，放下手机，专注于今天和你在一起工作的人吧。"

最后，你的工作是确保你的员工开完会后，他们对会议内容表示满意，对他们自己做的贡献以及你领导的会议都表示满意。同理心可以帮助你观察周围正在发生的事，自我情绪管理可以帮助你引领团队积极愉快地完成工作。

作者简介

安妮·麦基

宾夕法尼亚大学高级研究员、PennCLO高管博士项目主管、泰里欧斯领导力学院创始人。她和丹尼尔·戈尔曼、理查德·伯亚斯（Richard Boyatzis）合著有《本能领导力》（*Primal Leadership*）、《共鸣领导学》（*Resonant Leadership*）和《高情商领导力》（*Becoming a Resonant Leader*）。这篇文章的观点在安妮·麦基的新书《如何快乐地工作》（*How to Be Happy at Work*）中有详细论述，该书由哈佛商业评论出版社出版发行。

注释

1. D. Goleman et al., *Primal Leadership: Unleashing the Power of Emotional Intelligence* (rev. ed.) (Boston: Harvard Business Review Press, 2013).
2. K. D'Costa, "Why Do We Need to Have So Many Meetings?" *Scientific American*, November 17, 2014, https://blogs.scientificamerican.com/anthropology-in-practice/why-do-we-need-to-have-so-many-meetings/.
3. V. Ramachandran, "The Neurons That Shaped Civilization," TED talk, November 2009, https://www.ted.com/talks/vs_ramachandran_the_neurons_that_shaped_civilization?language=en.
4. M. Csikzsentmihalyi, *Creativity: Flow and the Psychology of Discovery and Invention* (New York: Harper Perennial, 1997).

五

雷切尔·拉坦（Rachel Ruttan） | 文
玛丽·亨特·麦克唐奈（Mary Hunter Mcdonnell）
洛兰·诺格伦（Loran Nordgren）

和你有相似经历的人并不能和你感同身受

想象一下，你刚刚为人父母，不堪重负，疲惫不堪，上班也很煎熬。你非常渴望在家工作，把更多的注意力放在家庭上。这时你有两个上司，一个有孩子，另一个没有。她们中哪个更能懂你，接受你的要求？

大多数人会认为有孩子的主管更能感同身受，会建议你和她说明你的情况。人们本能地认为你们之间有共同经验，因此她可以产生同理心。毕竟，她已经是过来人了，所以更能理解你的情况。然而我们最新的研究表明，这种本能想法往往是错误的。[1]

在最近的一系列实验中，我们发现那些在过去经历过痛苦的人（比如离婚或升职失败），相比那些没有经历过这些痛苦的人，更难对面临同样困境的人表现出同理心。

在第一个实验中，我们调查了参与"极地跳水"（3月份跳进冰冷的密歇根湖）的人。所有的参与者都会读一个故事，讲的是一个名叫帕特的人，他想要完成这次冒险，但在最后一分钟，他退缩了，退出了挑战。重要的是，有些人是在完成挑战之前读的，有些人是完成挑战一周之后读的。我们发现，那些成功地完成了这次挑战的人，比起那些还没有挑战过的人，他们更缺乏同情心，更看不起帕特的临阵脱逃。

在另一项研究中，我们调查了人们对一个与失业抗争的人的同情心。超过200人读了一个男人的故事。尽管他尽了最大的努力，却仍然找不到工作。为了赚钱，他最终选择了卖毒品。我们发现，比起那些当前正在失业或从未被解雇过的人，那些曾经克服过失业困难的人对这个男人的同情心更少，更为他的做法感到不齿。

第三项研究考察了人们对一名被欺负的青少年的同情心。我们告诉一部分受试者，这个孩子成功地应对了校园霸凌，在这种情况下，与那些没有被霸凌经验的受试者相比，那些曾经被霸凌过的受试者对恰当应对这种经历的青少年更有同情心。同时我们告诉另一部分受试者，他没能成功应对，并用暴力反击。结果就如我们之前研究的一样，被霸凌过的受试者看到这位青少年无法克服霸凌时，他们反而不会同情他。

综上所述，这些研究结果发现，最没有同理心的人，往往是曾有过一样经历的人，这类人，往往对无法克服困难或临阵退缩的人持批判态度。

但是为什么相同的经历并没有带来更多的同理心？我们认为，这一现象根植于两个心理学真理。

首先，这是因为人们常常无法清楚地记得过去被欺负或受苦时的心境和感觉，尽管我们可能记得那些经历是痛苦的、有巨大压力的、情绪化的，但我们往往会低估当时经历的这种痛苦。我们称这种现象为"同理心鸿沟"。[2]

其次，克服了困难的人往往会把这些苦痛视为人生必能征服的课题。他们很自信地认为自己很清楚这种情况的困难性。他们会说"我没觉得当时有多困难"和"我通过自己的努力克服了这一切"，就好像这个事情很容易就能克服。所以这些人对那些还在与这些痛苦抗争的人的同理心会减弱。

这一发现似乎与我们的观点背道而驰。当我们让受试者预测，一个曾经忍受过霸凌的老师和一个从未被霸凌过的老师，谁会更同情这个被欺负的少年的时候，在112人中，有99人选择了曾经被霸凌过的老师。这意味着许多人可能会本能地选择那些有相同经历的人，而这些人最不可能施与同情。

这显然对办公室中人与人的交流有着重要影响（请谨慎选择交流的人）。在导师项目中，人们通常是将背景相似或经历相同的人进行配对，现在看来也得重新调整了。

当与处于困境中的员工接触时，领导者可能会认为自己对这个事件的情绪反应才是正确的应对方式。例如，员工会跟老板抱怨职场中有歧视，那么曾经冲破职场障碍晋升到现在这个岗位的领导可能会不以为然。

同样，在咨询公司和银行等这些几乎天天加班的行业，员工会抱怨自己过度疲劳。而这些行业的领导可能会这样回答："我还天天加班呢，你有什么可抱怨的？"

（事实上，一些证据表明，当年长的工人拒绝推行旨在减少过度工作的改革时，这种机制正在发挥作用。）[3]

简而言之，领导者需要跳脱自己过去的经历，少去强调自己之前是怎么应对的。想要弥合同理心鸿沟，领导者最好去关注员工的沮丧程度，提醒自己，许多人也有同样的沮丧。回到开头的例子，一位筋疲力尽的新妈妈或新爸爸找到主管诉苦，主管可以想想还有无数的刚刚为人父母的人，去努力寻找工作与生活的平衡，但最后丢了工作。

当我们想让别人更加理解我们时，我们经常会说出一些相似的经历来拉近彼此的距离。事实证明，当面对痛苦和难题时，人们原以为可以诉苦或求解的对象，反而是错的。

作者简介

雷切尔·拉坦
西北大学凯洛格商学院的一名博士生。

玛丽·亨特·麦克唐奈

沃顿商学院管理学教授。

洛兰·诺格伦

西北大学凯洛格商学院的管理学和组织学副教授。

注释

1. R. L. Ruttan et al., "Having 'Been There' Doesn't Mean I Care: When Prior Experience Reduces Compassion for Emotional Distress," *Journal of Personality and Social Psychology* 108, no. 4 (April 2015): 610–622.
2. L. F. Nordgren et al., "Visceral Drives in Retrospect: Explanations About the Inaccessible Past," *Psychological Science* 17, no. 7 (July 2006): 635–640.
3. K. C. Kellogg, *Challenging Operations: Medical Reform and Resistance in Surgery* (Chicago: University of Chicago Press, 2011).

六

洛乌·所罗门（Lou Solomon）｜文

警惕掌握权力后同理心的丧失

去年，我和一位高级主管一起共事，我们叫他史蒂夫吧。他之前收到老板的反馈，说他升职后的做事风格令人讨厌。老板说，不知不觉中，只要是他出席的会议，气氛都会让人窒息。史蒂夫只管自己宣布正确答案，没人愿意给出自己的想法和反馈。自从史蒂夫晋升后，他不再像是团队中的一员，而是明显像一个上级，觉得自己比别人都优秀。简言之，他已经丢失了自己的同理心。

为什么许多人一旦进入管理层，行为就会发生这种变化呢？研究显示，个人权力实际上影响着我们产生同理心的能力。加利福尼亚大学伯克利分校的社会心理学家兼撰稿人达谢·凯尔特纳（Dacher Keltner）的实证研究结果显示，掌握权力的人往往缺乏同理心，读不懂别人的情感，也不能让别人适应自己。加拿大安大略省劳里埃大学的神经系统科学家苏克温德·奥卜希（Sukhvinder Obhi）的研究也表明：事实上，权力能够改变大脑的运转方式。[1]

领阶层最普遍的失败并不是欺骗、盗用公款、性丑闻。最让员工诟病的是领导者在日常的自我管理方面做得不好——他们因为自负和私利而动用权力。

这是怎么发生的呢?量变引起了质变。起初,他们可能无意识地做了几个糟糕的小选择。比如,他们可能不知不觉地开始指手画脚、要求享受特殊待遇,渐渐发展为独断决策、为所欲为。因超速或酒驾被警察拉到一边的领导者发起火谩骂起来:"你知道我是谁吗?"突然间,社交媒体纷纷报道了此事件。那些我们曾经尊崇的领导者的个人品质消失得无影无踪。

人们是如何以追求梦想为开始,却最终走上夸大自己的不归路的呢?攀登权力的漫漫长路中,他们会遇到瓶颈,一旦跨越之后,他们不再慷慨地施与权力,反而以权谋私。

以北卡罗来纳州夏洛特市前市长帕特里克·坎农(Patrick Cannon)为例。坎农起初一无所有,5岁时他克服了父亲去世对他造成的重大打击,忍受贫困。后来他在北卡罗来纳州农工州立大学取得学位证书,并于26岁进入公共事业部门——成为夏洛特市历史上最年轻的议员。

众所周知，他一心为公民服务，是年轻人学习的榜样。

但是在2014年，47岁的坎农承认自己在职期间受贿5万美元。[2] 在该市的联邦法院里，他失足跌倒了，媒体捕捉到他跌倒的场景，并且把它作为曾经成就突出的民选领导人和小企业主陨落的象征。现在，坎农成为该市历史上第一位被关押入狱的市长。知情人士说，他是个好人，但是太重感情了，决策过程只有他一人参与，他变得容易受到攻击。该地政府某部长也为他辩解道，不应该用他一次的判断失误来否定坎农及他功绩卓越的公共服务生涯。但是，他再也没法洗白了，现在他在大众眼里的形象已经从谦逊、慷慨的榜样变成了贪污腐败的囚犯。提到他，留在人们脑海中的印象就只有他在法院跌倒时的样子。

如果领导者担心自己把握不好使用权力和滥用权力的界限，他们应该怎么做呢？首先，必须邀请其他的人进入决策流程，要敢于表达自己的不足，并且愿意接受反馈和批评。一个好的经营教练能够帮助你找回同理心，并且做出有价值的决定。然而,邀请的人群必须多样化,问题也要有分量。不要问那种轻而易举就能回答的问题,例如你觉得我做得怎么样?而是要问一些尖锐的,比如你觉得我的关注点和风格是如何影响我的员工的?

预防性的思维训练可以从一份提高自我认识的清单开始。

1. 你有一个由朋友、家人和同事组成的,不论你头衔地位如何都愿意帮助你的强大人脉网吗?
2. 你有经营教练、导师或者密友吗?
3. 你说到没做到的话,会得到什么反馈?
4. 你要求享有特殊待遇吗?
5. 不在公众视野内时,你仍在履行意义不大且不易实现的承诺吗?
6. 你愿意邀请别人进入公众视野吗?
7. 决策过程是否只有你一个人参与?你做出的决定反映了你真正的价值吗?

8. 你能承认自己的错误吗?
9. 你在公众关注下、工作场所以及家里表现一样吗?
10. 你是否告诉过自己,像你这样的人有享受例外或者适用不同的规则的权利?

若一个领导者想赢得人们的信任,他应该坚持这些标准且没有商量的余地。言行不一或者以权谋私,都会让人们非常失望和愤怒。我们希望自己的领导者能力非凡,富有远见,尽忠尽职。然而,能否与他人产生同感,为人是否真实可靠,是否慷慨大方是区分一般领导者和卓越领导者的标准。自我意识最强的领导者能快速识别出滥用权力的信号,然后及时回到正确的轨道。

作者简介

洛乌·所罗门

通信咨询公司 Interact 的首席执行官,她帮助来自《财富》500

强的首席执行官、商业领袖、经理、企业家以及他们的团队增加真实性,建立联系,赢得信任,并且建立威信。她著有《讲点真话》(*Say Something Real*)一书,并且是夏洛特皇后大学的兼职教师。

注释

1. J. Hogeveen et al., "Power Changes How the Brain Responds to Others," *Journal of Experimental Psychology* 143, no. 2 (April 2014): 755–762.
2. M. Gordon et al., "Patrick Cannon Pleads Guilty to Corruption Charge," *The Charlotte Observer*, June 3, 2014, www.charlotteobserver.com/news/local/article9127154.html.

七

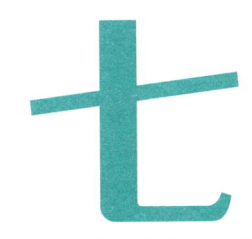

乔恩·科尔科（Jon Kolko）| 文

运用同理心设计产品

产品管理这个领域之前一直专注于外部市场或内部技术，现在开始关注运用同理心把焦点放在人的身上了。要让人们接受这个概念不是难事，真正困难之处在于一开始不知道该如何把这个概念转化为战术。所以我会在这篇文章中逐一说明，我们是如何在一家初创企业里运用这个方法生产某个产品，以及后来如何推而广之，最终促成这家公司被收购的。

我先前在 MyEdu 担任设计副总裁，我们致力于提高大学生的成绩，展现他们的学术成就，并帮助他们找到工作。最初，MyEdu 提供一系列免费的学业规划工具，包括计划事项规划工具。后来我们正式建立了一个锁定大学院校招聘活动的商业模式，并针对大学生与招聘人员进行了行为与同理心的研究。这类定性研究，关注的是人们做了什么，而不是他们说了什么。我们花上好几个钟头，待在学生宿舍，观察他们做作业、看电视以及选课。我们观察这些大学生，目的不是要找出工作流程的冲突，也不是要解决效益问题，而是要体会大学生的真实生活，建立大学生的直觉感受。我们也对招聘人员进行了同样的研究，观察他们在招聘过程中如何与应聘者交谈。

人们会误以为这类研究很简单，只要到现场观察人就好了。其实真正的挑战是要在极短的时间内，让人们放下戒心。我们的目标是形成师生关系，也就是我们在这些研究活动当中，扮演谦逊的学生，希望能跟老师学点儿什么。这听起来也许有点好笑，但是大学生经历的所有成功与失败，让他们成了大学生活的"专家"，也就是我们的"老师"了。

研究完成后，我们把整个过程逐字记录下来，整理成完整的文稿。这个工作十分耗时，但非常重要，因为这是一个把参与者的声音印入我们脑海里的过程。当我们打字、播放、暂停、倒转录音带时，就真的会开始从参与者的角度思考。我发现，即使研究早已结束，事隔多年之后，我还是可以重复参与者说过的话，连他们的语气也能模仿得出来。之后，我们把逐字稿切割成数千份的个人语录,再把这些语录贴满我们的"战情室"。

我们的行为研究输入的是一份说明,其中描绘了我们想要用同理心感同身受的那一类人。研究输出的则是一份庞大的逐字稿语录资料,我们将它分割成了可移动的个人语录。

在产生大量资料之后,我们下一步要做的就是把内容综合整理成有意义的见解。这是一个艰巨、似乎永无止境的过程,我们所有可用的时间几乎都用在这上面了。我们阅读这些个人笔记,标出重点,相互传阅。我们按由下而上的方式把笔记分类,找出其中的相似之处与不同之处。我们邀请产品团队的所有成员参与,如果他们有15分钟或30分钟的空当儿,我们就会把他们拉进来,读一些笔记,并给那些笔记适当分类。渐渐地,一切都井井有条了。在各个类别逐渐成形之后,我们给它们起了具有行动导向的名字,而不是给它们贴上简洁的如"职业生涯服务"或是"就业"这样的类别标签。我们会写下简短的说明文字,比如"学生为了找工作而写简历"。

在有了重大进展后,我们开始问一些"为什么"式的问题,借此引发大家对各个类别的深入思考。整个流程的关键点在于我们回答了这些问题,即使我们不确定答案是否正确。我们把自己对学生的了解,与我们对自己的了解结合在一起。我们以自己的生活经验为基础,当我们把同理心聚焦于学生时,就能做出一些推论跃进。如此一来,我们一方面推动了创新,同时也使一些风险产生。在这个案例中,我们询问:"为什么学生要制作简历来找工作?"我们的回答是:"因为他们认为雇主希望看到简历。"这正是罗杰·马丁(Roger Martin)所称的"溯因推理"(abductive reasoning),这是一种逻辑重组形式,即抛开预期的答案,进入诱导式的创新世界。[1]

最后,在回答每个类别有关"为什么"的问题时,我们也产生了一系列的见解声明,即有关人类行为的诱导式事实声明。我们会以这些"为什么"的声明为基础,将答案从那些花时间与我们讨论的学生身上抽出来,得到适用于所有学生的普遍性见解。之前我们询问:"为什么学生要制作简历来求职?"我们回答:"因为他们认为雇主希望看到简历。"现在,我们会制作出见解声明:"学生自认为知道雇主对求职者的需求,但他们经常是错的。"此时,我们已从被动式的声明,转换成主动式的声明。我们做出了很大的推论跃进,并得到一个新的产品、服务或想法。

我们可以针对招聘人员制作类似的事实诱导声明。根据我们的研究,其实招聘人员花在每份简历上的时间很少,却对求职者有很强烈的看法。我们的见解声明变成了:"招聘人员骤下判断,这会直接影响求职者的成功概率(见表1)。"

整合流程的输入项目来自研究的原始资料,转成逐字稿并分拆之后,贴在一面很大的墙上。整合流程的输出项目,是一系列的见解,也就是有关人类行为的事实诱导式声明。

表1

学生想法	招聘人员想法
学生自认为知道雇主对求职者的需求，但他们经常是错的。	招聘人员骤下判断，这会直接影响求职者的成功概率。
"你的简历就像你的生活：这是你去巧克力工厂的黄金门票。"——萨曼莎，国际商务专业学生	"别想一次就申请我的5份工作，你一份也得不到。"——梅格，招聘人员
• 简历上用项目符号强调自己的技能而不是以组合的形式展示 • 应该拥有综合的能力，不必在某一领域有很深的造诣 • 可以做任何工作	• 基于单个数据点在几秒钟内形成意见 • 寻找特定技能以及其能力证据 • 根据学生的表达方式大致判断他能做什么工作

现在，我们可以开始合并与比较这些想法，以建立我们的价值主张。我们把上述学生和招聘人员的想法并置时，就能够整合成一个"如果……会如何"的语句。如果我们教导学生用新方法去思考找工作的事，情况会如何？如果我们向学生展示获得工作的其他路径，情况会如何？如果我们帮助学生找出自己的技能，并且以可信赖的方式展现给雇主，情况会如何（见表2）？

表2

学生想法	招聘人员想法
学生自认为知道雇主对求职者的需求，但他们经常是错的。	招聘人员骤下判断，这会直接影响求职者的成功概率。
如果……会如何： 如果我们帮助学生找出自己的技能，并以可信赖的方式把它们展现给雇主，结果会如何？	

假如我们微调一下这个语句，就可以建立起自己的能力价值主张："MyEdu帮助学生找出自己的技能，并以可信赖的方式把它们展现给雇主。"

这个价值主张是种承诺。我们向学生承诺，如果他们使用我们的产品，我们会帮助他们找出自身技能，并将那些技能展示给雇主。如果我们没有兑现这个承诺，学生对我们的产品体验很差的话，可以随时弃用。同样的道理也适用于任何公司的产品或是服务。康卡斯特保证提供家庭网络服务，但它们若是做不到，我们会感到失望。如果它们的网络经常出问题，问题频繁到我们受不了，我们就会投向另一家提供类似或更好价值主张的企业。

在运用同理心设计产品的这一个阶段,输入的是想法,输出的是情绪主宰的价值主张。

有了价值主张,我们就对我们的产品设了限制。除了对外声明价值,这份声明也指出,我们将如何判断我们头脑风暴出来的产品性能、功能与其他细节,是否适合纳入我们的产品中。如果我们想出了一个新功能,但是这个功能无法帮助学生找出自己的技能,并以值得信赖的方式呈现给雇主,那么对我们来说,这项功能就不适合采用。这份价值主张,在主观的环境下变成了客观的标准,可用来过滤我们想出的各种好的想法。

现在,我们来讲故事,我们将此称为"英雄流程",也就是我们的产品创造的一些主要路径,让使用者变得快乐或满足。这些故事描绘了使用我们产品的用户如何获得我们的价值主张。我们先写下这些,把它们画成简单的图标,然后开始真正描绘出实际的产品界面。接着,透过非常标准的产品开发流程,加上线框,进行视觉构图，动态研究以及参考其他传统的电子产品，把这些故事变成真正的产品。

透过这个流程，MyEdu 的简介应运而生：这个高度视觉化的简历，能帮助学生强调自己的学术成就，并在招聘过程中让雇主一眼看到。

我们在研究过程里听到大学生说："领英（Linkedln）让我感觉自己像个笨蛋。"大学生没有很多专业经验，要求他们强调这些成就是徒劳无功的。但是，学生在使用我们的免费学术规划工具时，他们的行为与活动，会转换成能凸显他们学术成就的简历要素。这正是我们的价值主张。

我们的价值主张是产品开发的核心要素。这个过程的输出就是我们的产品。我们的产品更新迭代，不断增加新的功能，这些功能可以改变人们的行为，并帮助人们达成自己的目标，满足需求与渴望。

上述的案例描绘的就是我们所谓的"同理心研究"。我们收集大量资料并沉浸其中，努力地持续进行着严谨的意义建构工作，以便获得一些想法和见解。我们利用这些想法和见解，引导产生一个价值主张，并在整个架构上构建各种故事。最终我们创造了一个能引发情绪共鸣的产品，一个制作简历的产品。该产品在一年内吸引了超过100万名大学生使用，在忙碌的学期注册期间，我们每天会新增3 000~3 500个学生简历订单。后来我们被教育软件公司黑板公司收购，这个产品被纳入该公司的学习管理系统，之后每日新增的学生简历订单更是达到18 000~20 000个。

本文描述的设计过程并不困难，也不是新的东西，像是青蛙设计之类的企业，多年来一直在使用这种做法，我则是在就读卡内基-梅隆大学时，学会了运用同理心设计产品的基础。但是对大多数企业来说，这个过程需要运用不同的企业意识形态。这个过程采用的是深入的定性资料，而不是市场统计数据。它看重的是人，而不是技术。它需要找出并相信有关行为的各种见解，这种见解是主观的，而且由于意义不明确，因此充满风险。

作者简介

乔恩·科尔科

教育软件公司黑板公司的设计副总裁,也是奥斯汀设计中心的创始人和总监;是《好产品:背后拼的是同理心》(*Well-Designed: How to Use Empathy to Create Products People Love*)一书的作者。

注释

1. R. Martin, *The Design of Business: Why Design Thinking Is the Next Competitive Advantage* (Boston: Harvard Business Review Press, 2009.)

梅利莎·卢 - 范（Melissa Luu-Van）| 文

脸书如何利用同理心保护用户数据

网络安全通常侧重于技术细节，比如软件、硬件、漏洞等。但有效的安全是由人和技术共同驱动的。毕竟，网络安全的重点是保护使用我们产品的消费者、员工和合作伙伴。

这些人与人、人与技术之间的互动方式可以彻底改变安全战略的有效性。因此，安全产品和工具的设计必须考虑到正在解决的问题的人文背景，这就需要运用同理心。

在脸书，同理心可以帮助我们创建有效的网络安全解决方案，因为这些安全工具是围绕我们的用户体验进行设计的。具体来说，有三种方法可以使网络安全工作更具同理心。

第一，消费者驱动的目标具有可操作性和特定性。通过研究用户在使用你的产品时的文化和物理环境，你可以为这些产品定义更好、更精确的目标。例如，通过产品内置的报告工具、在线调查或焦点小组与您的用户进行互动，这是理解的必要步骤，而不假设您知道他们的挑战和需求。

例如，我们最近向几个焦点小组询问了他们在脸书上最关心的安全问题。他们在担心什么？什么能让他们感到安全？绝大多数人告诉我们，他们想要更多的控制权。仅仅知道脸书在幕后保护他们的账户是不够的。我们了解到，许多脸书用户并不知道我们提供的安全特性，可以为他们的账户提供额外的保护。但是一旦用户知道了这些，就迫不及待地想要使用。人们还希望能够控制这些功能并查看每个工具是如何保护他们的账户的。这些发现告诉了我们关于安全特性的两件非常重要的事情，首先，它们要更容易被找到，其次，它们得更加显眼，并给予人们更多的控制权。

考虑到这一点，我们推出了 Security Checkup 这一新的安全工具，旨在让脸书的安全控制更加可见，更易于使用。在早期测试期间以及全球发布之后，我们向脸书用户询问了他们使用新工具的体验。他们告诉我们，Security Checkup 有用且好用。该工具的使用率迅速飙升至 90% 以上。得到这样的结果并不令人惊讶，因为 Security Checkup 是我们对用户的偏好和关注进行了解后，对其量身定制的。

我们的首要目标一直是保护使用脸书的用户，但通过我们的研究，我们也希望帮助用户在网络上更好地保护自己。我们的用户在脸书上学到的安全知识可以帮助他们养成更安全的上网习惯，比如使用独特的密码或检查应用程序权限，这些也都可以在其他网站上使用。

第二，跨职能团队的协作。安全工作通常是由工程师主导的，研究、设计或者产品这种跨职能团队则显得不那么重要。然而，我们发现工程学之外的学科对思维过程和产品开发来说也同样重要，因为思维的多样性是同理心的一个重要特征。

跨职能团队对于思考用户对产品的各种体验尤其有价值。多年来，汽车制造商已经做到了这一点，在车内增加了安全带和安全气囊，即使在车辆发生高速碰撞时，它们也能保证车内人员安全。改变汽车的设计是为了让消费者有更加安全的体验。同样，脸书的安全工具也相信更好的产品设计会带来更安全的行为。我们的许多部门也都为此目的而进行合作，包括研究、安全、用户体验、营销、产品设计和通信部门等。

在这个过程中的各个阶段，这些团队会聚集在一起讨论潜在的工程、设计或安全方面的挑战，确定解决方案，并考虑这些因素对使用我们产品用户的整体体验可能产生的影响。我们相信，汇集各种专业知识可以帮助我们在开发过程的早期阶段解决潜在问题。例如，在安全检查的早期阶段，我们意识到只是将注意力集中在我们现有的安全特性上，有些人会将其解读为一种警告或错误情况的警报。因为我们的设计和通信专家已经在开发团队工作，所以我们能够创建一个具有实用主义色彩的安全工具，以避免用户不必要的担心。

第三，关注结果而不是投入。最后，重中之重，同理心可以帮助我们保证用户的安全。如果用户没有安全的体验，那么我们做多少安全工具就都无关紧要。这就是为什么保证用户的实际体验始终是我们的首要任务。同理心在方方面面都是很有帮助的。

首先,对使用产品的用户产生同理心,可以帮助你对他们的在线行为做出微小但有用的调整(而不是重大的调整)。因为网络安全是一个令人生畏的话题,许多人羞于主动地去做调整。因此,鼓励人们从小事做起,便可收获巨大。我们已经看到,即使是渐进式进展也可以帮助人们学习如何识别风险并做出更安全的选择。像在线账户启用额外安全设置这样的简单行为也会对用户的安全产生巨大的影响。

其次,在与消费者的沟通中使用具有同理心的语言会让安全问题变得不那么吓人,也更容易让人接受。这意味着要使用在当地文化和语言中易于被理解的术语和概念,即使它们与技术专家使用的术语不同。研究表明,随着时间的推移,通过恐吓的方式帮助消费者避免网络威胁的回报率实际上正在下降。另外,建立弹性机制可以帮助人们更好地了解潜在威胁,修正错误,并确定预防措施。

如果想增强团队的同理心,最好的方法之一就是通过招聘、与其他团队合作,在产品的开发过程中引进各种规则。有心理学、行为科学或沟通交流经验的专业人士可以为建立一个具有同理心的团队提供宝贵的视角,然后在研究方面投入精力,以了解用户体验和安全问题。不要做猜测或假设。

运用同理心来保护用户数据并非易事,它需要你深入了解你所要保护的人,但它也会带来极好的安全保障。这就是问题的关键所在。

作者简介

梅利莎·卢–范

脸书的产品经理,她领导着一个跨职能团队,专注于确保用户登录账户的安全。

九

亚当·韦茨（Adam Waytz）| 文

同理心不能无边无际

几年前，福特汽车公司开始要求公司的工程师佩戴"同理心腰带"（大部分工程师是男性），这是一种怀孕模拟器，能让他们亲身体验怀孕的滋味，包括腰酸背痛、膀胱受到压力，以及身体增重大约 30 磅（大约 27 斤）。他们甚至能感受到胎儿在肚子里拳打脚踢。这个构想是为了让他们了解孕妇开车时面对的人体工学挑战，例如，手脚不方便伸展、姿势和重心的改变，以及整个身体会行动笨拙。

这种做法是否有助于改善福特的汽车产品，或是提升顾客的满意度，尚未可知。不过，这些工程师称这种体验的确是有好处的。他们至今仍在使用这些腰带。他们也会穿"老人装"来模拟老年人驾驶时视力模糊和关节僵硬的情况。体验这些至少是为了和他人感同身受，这在亨利·福特（Henry Ford）看来是成功的关键。

现在，同理心几乎在每个地方都很热门，不只是在福特汽车公司，也不仅限于工程和产品开发团队。它已成为设计思维的核心，也是广义的创新的核心。此外，它也成了重要的领导技巧,能帮助领导者影响组织里的其他人,预估利益相关者所关心的问题,回复社交媒体上的粉丝,甚至能帮助领导者更好地主持会议。

然而,我和其他研究人员的最新调查显示,同理心这个话题有点过于热门了。虽然同理心对领导和管理来说是极为必要的——毕竟,没有同理心可能让人做出后果惨重的决定,并失去前面描述的好处,但是对同理心不加限制可能会有损组织和个人的绩效。

以下是你可能会遇到的几大问题和如何规避这些问题的建议。

问题一:它太费心劳神

同理心属于高负荷认知活动,和同时记忆多种信息,在喧闹环境中保持专注一样,会消耗大量认知精力。这种需要持续投入同理心的工作,可能会引发"同情心疲劳",也就是因压力过大或心力交瘁而对别人的遭遇很难感同身受,或演变成长期的、慢性的职业倦怠。

像是医生、护士、社工、惩教人员等健康及服务专业人员,特别容易碰到这种问题,因为同理心对他们的日常工作来说非常重要。例如,对住院护士进行的研究发现,"同情心疲劳"的关键指标都属于心理层面,包括焦虑、有创伤感、生活上的各种需求,以及研究人员所谓的过度同理心——为了别人的需求而牺牲自己的需求(而不只是和别人感同身受)。[1] 工作时间冗长和工作量沉重等,对"同情心疲劳"也有影响,但冲击没有预期的那么强烈。对韩国护士进行的一项调查发现,如有人主动表示自己有"同情心疲劳",这说明她们很可能有意在近期内离职。[2] 对护士进行的其他研究也显示,"同情心疲劳"可能造成其他后果,像旷工缺勤以及用药错误的情况越来越频繁出现。

慈善组织和像动物收容所等其他非营利机构的工作人员,也面临类似的风险。这些机构的主动离职率异常高,有部分原因就是这些工作很需要同理心。待遇微薄更加重自我牺牲的感受。此外，社会对非营利机构应如何运作很严格，他们一旦表现得像企业（例如投资于经常性支出，以维持组织顺畅运作），就会遭到强烈反对。外界期望只要他们的工作人员无私地贡献同情心，组织就能蓬勃发展。

其他行业也不断要求表现出同理心。知识型员工的主管，必须了解员工的期许和观点，协助他们在工作中寻求个人存在的意义，以便每天都能鼓励他们维持工作热忱。客服人员必须不断安抚苦恼的顾客，应对他们的电话投诉。任何需要频繁运用同理心的职业或角色，都很容易让人筋疲力尽。

问题二：这是一场零和博弈

同理心不仅消耗精力和认知资源，它本身也会越用越少。给伴侣的同理心越多，给父母的就越少；给父母的越多，能给孩子的就越少。无论是对家人、朋友还是客户、同事，我们理解他人的意愿和能付出的努力都是有限的。

为了探究一般人在职场和家里与同理心行为有关的权衡取舍情况，研究人员对来自各行各业的844名工作人员进行了调查，包括美发师、消防队员和电信从业人员。[3] 那些自称会在工作场所展现同理心行为的人，比如要花时间听同事抱怨自己的问题和担忧，以及帮助工作负担重的同事的人会觉得无力与家人交流感情。工作上的各种要求使他们感到情感枯竭，负担沉重。

有时候，这种零和博弈会导致另一种取舍情况：将同理心更多赋予"圈内人"（如本团队和本组织成员），而对核心圈子外的人同理心不足。我们会自然地花更多时间和精力，去了解亲近好友和同事的需求。这很容易做到，因为我们本来就比较关心他们。这种投入的不平衡造成一种鸿沟，并因同理心资源有限而扩大。把这种资源大部分投注在圈内人身上，彼此感情就会更深厚，与圈外人建立关系的意念便随之消减。

九 同理心不能无边无际

这种偏颇的同理心，可能让外人觉得我们只顾保护自己人而对我们产生反感（例如，教皇称赞天主教会对教士性侵问题的处理方式，就引起了负面反应）。让人比较意外的是，这种情况也可能导致圈内人对圈外人产生敌对情绪。例如，我与芝加哥大学教授尼古拉斯·埃普利（Nicholas Epley）共同进行了一项研究，探讨两组研究对象会如何对待一批恐怖分子。这批恐怖分子就是令人产生特别强烈负面情绪的圈外人。一组研究对象与自己的朋友坐在一起（加强他们对彼此的同理心感受），另一组则与陌生人同坐。我们在描述了这些恐怖分子的所作所为后，询问这些研究对象，看有多少人赞成不把恐怖分子当人的说法，能否接受用水刑处置这些恐怖分子，以及愿意用多大伏特的电流电击这些恐怖分子。研究结果发现，光是与朋友一起坐在同一个房间，就会让人对给恐怖分子施以刑罚和将恐怖分子非人化的意愿大为提高。

虽然这项研究采用的是极端事例，但这种原则也同样适用于组织中。对下属和同事的同情可能催生对他人的攻击性。更常见的是，圈内人根本不想对圈外人怀有同理心，这足以使我们错失跨部门或跨组织合作的机会。

问题三：它会侵蚀道德

最后，同理心失当可能导致道德判断失当。我们从如何对待恐怖分子的那项研究中就能看出一二。但在很多情况下，问题的根源不在于对圈外人的敌意，而是对圈内人的极端忠诚。我们若是一心想跟亲近伙伴有相同的感受和看法，可能会把他们的利益当作自己的利益。这可能会让我们忽视他们违法犯纪的情况，甚至自身行为也会失当。

有关行为科学和决策的一些研究显示，为了促进别人的利益，很多人会更愿意作弊。[4] 在不同的情境下，涉及的好处可能是财务或名誉上的，人们会利用这种表面上的利他主义，来合理化自己的欺骗行为。若是能对别人碰到的困难感同身受，或是感受到受不公平对待的人心中的痛苦，问题会更加严重，因为在这种情况下，他们更可能为了帮助对方而撒谎、欺骗或偷窃。

在工作场所，对同事的同理心可能让人不愿揭发弊端，如果发生这种情况，便经常会引发丑闻。警察、军队、宾夕法尼亚州立大学、花旗集团、摩根大通集团、世界通信公司，都是现成的例子。这些机构发生的霸凌、性侵、欺诈等问题，经常由不认同犯案者的外人揭发。

我与波士顿学院的利亚纳·扬（Liane Young）和詹姆斯·邓根（James Dungan）共同研究，探讨忠诚度对亚马逊土耳其机器人（Amazon Mechanical Turk）使用者的影响（使用者通过这个网上市集接工作来赚钱）。研究开始时，我们请一些参与者写文章讨论忠诚度，请其他人写文章探讨公平性。在后来的研究过程中，我们让他们每个人都看到别人的拙劣的工作成果。那些曾受到忠诚度诱导的受试者，较不愿揭发其他使用者的差劲表现。还有一些研究也显示，在崇尚集体主义的国家，贿赂事件更为普遍。[5] 群体归属感和互相依赖的感受，让群体成员能容忍这类不法作为，让他们觉得不必为此负责，因为他们认为责任可以分散给全体成员，而不是只怪罪一个人。

简单来说，对圈内人的同理心，可能和正义是冲突的。

如何遏制过度的同理心

以下这三种问题似乎很难处理，不过，作为一个管理者，你可以采取一些做法，在组织内减少这些问题。

分拆工作

一开始，不妨要求每个员工针对特定利益相关群体施展同理心，而不是对任何人来者不拒。例如，有些人可能专门应付顾客，其他人负责照顾同事。这就像成立几个专案小组，分别应付不同利益相关人的需求。这种做法可以把建立关系和收集观点的工作，变得不那么耗费心神。把"照顾"的责任分配给整个团队或公司，可以获得更丰硕的整体成果。虽然每个人的同理心都有限，但让所有员工共同负担，整体的同理心就会比较多。

减少牺牲感

个人心态会加强或减轻同理心超载的可能性。例如，你如果认定自身与对方的利益对立，就会加重零和博弈。这种情况常在谈判时出现，双方对某个议题的立场相持不下而陷入僵局，因为他们只关注彼此之间的对立。对立心态不只让人无法了解和回应对方，也使我们在未能达到自己的期待时觉得已经输了。借着寻求符合彼此利益、整合双方需求的解决办法，可避免让自己身心俱疲。

这里有个例子：人事主管与应聘人员谈判薪资时，如果彼此对薪水的数字有不同看法，而且把焦点完全放在金钱上，谈判很容易沦为拉锯战。但假定应聘人员实际上更注重的是工作保障，人事主管也努力避免人事流动，那么，把保障条款列入合约里，会是双赢的做法。人事主管体谅对方的做法，不会像对薪资数字让步一样消耗他的同理心，因为留住新进人员符合他本身的期望。

我们能表现的同理心有限，需要慎用这种资源，将它用在恰当的地方。不要认定人家是怎么想的，应设法询问和了解对方的情况，这样更有利于解决问题。

让员工喘口气

作为管理和组织学教授，我听到学生把我们系的课程（领导、团队和谈判）称为"软技能"，会忍不住皱眉头。了解和回应别人的需求、兴趣和愿望，需要做一些最困难的工作。虽然有人宣称同理心是自然产生的，但我们耗费很多心神，才能体会别人的想法，并怀着同情心来回应，不是置之不理。

我们都知道，从事技术和分析工作，以及从事数据资料录入等机械式工作的人，每隔一段时间都需要休息一下。同理心也是如此。应设法让员工喘口气，单是鼓励他们从事对公司有益的自主项目还不够（因为这种项目经常导致员工要做更多工作），这类做法的优秀例子就是谷歌公司的20%时间政策（这项政策让员工每周有一天能从事自己选定的计划）。应鼓励每个人抽出时间，专心从事纯粹是自己感兴趣的事情。最近的研究发现，常在休息时间做自己感兴趣的事的人，会对别人更有同理心。[6]这可能有违常理，但经过适当休息后神清气爽的人，更能应付像揣摩和回应别人需求这类困难工作。

如何让人们从思考和关心他人中得到喘息？有些公司购置了Orrb技术公司的休息舱，让员工能在封闭的小胶囊舱里放松身心、冥想，或是从事其他能让他们消除疲劳的活动。迈克拉伦车队就利用这种休息舱，训练F1（世界一级方程式锦标赛）的赛车选手集中精神。电子零件经销商Van Meter和一些公司采取其他较简单的方法，像是在员工度假时，关闭他们的电子邮件账户提醒，让他们能不受打扰地、全身心地享受假期。

同理心虽有限，在工作上却极为必要。因此，主管应确保员工明智地运用同理心。

在试图发挥同理心时，通常最好与对方谈论他们的经历，而不要只是想象他们可能有什么感觉。尼古拉斯·埃普利在《为什么我们经常误解人心？》（*Mindwise*）这本书中就如此建议。最近有一项研究也证明了这一点。[7] 研究人员询问研究的参与者，他们认为盲人独立工作和生活的能力有多大？在回答这个问题之前，有些参与者应要求蒙上眼睛，从事了艰难的体力工作。与没有经过这种考验的参与者相比，曾模拟失明的参与者更容易认为，盲人独立活动的能力非常差。这是因为模拟失明的经验促使他们自问："如果我失明了会怎么样？"（答案是：十分痛苦和艰难！）而不是问："盲人看不到东西是一种什么感觉？"这种研究结果说明了为什么福特汽车公司采用同理心腰带本意固然是好的，却可能有误导作用。佩戴这种腰带后，工程师可能高估或错误判断真正

九 同理心不能无边无际

怀孕的驾驶员所面对的困难。

跟人交谈，询问别人的感受，了解他们想要什么，有什么想法，这可能显得过于简单，却能得到更准确的回答。这种做法对员工和组织来说也比较省事，因为这是在收集真正的资料，而不是无止境地揣测。这是表现同理心的更明智的做法。

作者简介

亚当·韦茨

西北大学凯洛格商学院管理与组织学副教授。

注释

1. M. Abendroth and J. Flannery, "Predicting the Risk of Compassion Fatigue: A Study of Hospice Nurses," *Journal of Hospice and Palliative Nursing* 8, no. 6 (November–December 2006): 346–356.
2. K. Sung et al., "Relationships Between Compassion Fatigue, Burnout, and Turnover Intention in Korean Hospital Nurses," *Journal of Korean Academy of Nursing* 42, no. 7 (December 2012): 1087–1094.

3. J. Halbesleben et al., "Too Engaged? A Conservation of Resources View of the Relationships Between Work Engagement and Work Interference with Family," *Journal of Applied Psychology* 94, no. 6 (November 2009): 1452–1465.
4. F. Gino et al., "Self-Serving Altruism? The Lure of Unethical Actions That Benefit Others," *Journal of Economic Behavior & Organization* 93 (September 2013); and F. Gino and L. Pierce, "Dishonesty in the Name of Equity," *Psychological Science* 20, no. 9 (December 2009): 1153–1160.
5. N. Mazar and P. Aggarwal, "Greasing the Palm: Can Collectivism Promote Bribery?" *Psychological Science* 22, no. 7 (June 2011): 843–848.
6. G. Boyraz and J. B. Waits, "Reciprocal Associations Among Self-Focused Attention, Self-Acceptance, and Empathy: A Two-Wave Panel Study," *Personality and Individual Differences* 74 (2015): 84–89.
7. A. M. Silverman et al., "Stumbling in Their Shoes: Disability Simulations Reduce Judge Capabilities of Disabled People," *Social Psychological & Personality Science* 6, no. 4 (May 2015): 464–471.